Kritik der Methodik
der Wassermannschen Reaktion und neue Vorschläge für die quantitative Messung der Komplementbindung

Von

J. KAUP

Mit 7 Abbildungen

München und Berlin 1917
Druck und Verlag von R. Oldenbourg

www.ingramcontent.com/pod-product-compliance
Lightning Source LLC
Chambersburg PA
CBHW022311240326
41458CB00164BA/828